영역별 반복집중학습 프로그램 기탄영역별수학

자료와 가능성편

수학과 교육과정에서 초등학교 수학 내용은 '수와 연산', '도형', '측정', '규칙성', '자료와 가능성'의 5개 영역으로 구성되는데, 우리가 이 교재에서 다룰 영역은 '자료와 가능성'입니다. 이 영역은 원래 '확률과 통계'에서 초등 과정에서 다루는 기초 개념에 초점을 맞추어 '자료와 가능성'으로 영역명이 변경되었습니다.

'똑같은 물건인데 나란히 붙어 있는 두 가게 중 한 집에선 1000원에 팔고 다른 한 집에선 800원에 팔 때 어디에서 사는 게 좋을까?'의 문제처럼 예측되는 결과가 명확한 경우에는 전혀 필요 없지만, 요즘과 같은 정보의 홍수 속에 필요한 정보를 선택하거나 그 정보를 토대로 책임있는 판단을 해야할 때 그 판단의 근거가 될 가능성에 대하여 생각하지 않을 수가 없습니다.

즉, 자료와 가능성은 우리가 어떤 불확실한 상황에서 합리적 판단을 할 수 있는 매우 유용한 근거가 됩니다.

따라서 이 '자료와 가능성' 영역을 통해 초등 과정에서는 실생활에서 통계가 활용되는 상황을 알아보고, 목적에 따라 자료를 수집하고, 수집된 자료를 분류하고 정리하여 표로 나타내고, 그 자료의 특성을 잘 나타내는 그래프로 표현하고 해석하는 일련의 과정을 경험하게 하는 것이 매우 중요합니다. 또한 비율이나 평균 등에 의해 집단의 특성을 수로 표현하고, 이것을 해석하며 이용할 수 있는 지식과 능력을 기르도록 하는 것이 필요합니다.

1 일상생활에서 앞으로 접하게 될 수많은 통계적 해석에 대비하여 올바른 자료의 분류 및 정리 방법(표와 각종 그래프)을 집중 연습할 수 있습니다.

우리는 생활 주변에서 텔레비전이나 신문, 인터넷 자료를 볼 때마다 다양한 통계 정보를 접하게 됩니다. 이런 통계 정보는 다음과 같은 통계의 과정을 거쳐서 주어집니다.

초등수학에서는 위의 '분류 및 정리'와 '해석' 단계에서 가장 많이 접하게 되는 표와 여러 가지 그래프 중심으로 통계 영역을 다루게 되는데 목적에 따라 각각의 특성에 맞는 정리 방법이 필요합니다. 가령 양의 크기를 비교할 때는 그림그래프나 막대그래프, 양의 변화를 나타낼 때는 꺾은선그래프, 전체에 대한 각 부분의 비율을 나타낼 때는 띠그래프나 원그래프로 나타내는 것이 해석하고 판단하기에 유용합니다.
이렇게 목적에 맞게 자료를 정리하는 것이 하루아침에 되는 것은 아니지요.
기탄영역별수학–자료와 가능성편으로 다양한 상황에 맞게 수많은 자료를 분류하고 정리해 보는 연습을 통해 내가 막연하게 알고 있던 통계적 개념들을 온전하게 나의 것으로 만들 수 있습니다.

2 일상생활에서 앞으로 일어날 수많은 선택의 상황에서 합리적 판단을 할 수 있는 근거가 되어 줄 가능성(확률)에 대한 이해의 폭이 넓어집니다.

확률(사건이 일어날 가능성)은 일기예보로 내일의 강수확률을 확인하고 우산을 챙기는 등 우연한 현상의 결과인 여러 가지 사건이 일어날 것으로 기대되는 정도를 수량화한 것을 말합니다. 확률의 중요하고 기본적인 기능은 이러한 유용성에 있습니다.
결과가 불확실한 상태에서 '어떤 선택이 좀 더 나에게 유용하고 합리적인 선택일까?' 또는 '잘못된 선택이 될 가능성이 가장 적은 것이 어떤 선택일까?'를 판단할 중요한 근거가 필요한데 그 근거가 되어줄 사고가 바로 확률(가능성)을 따져보는 일입니다.
기탄영역별수학–자료와 가능성편을 통해 합리적 판단의 확률적 근거를 세워가는 중요한 토대를 튼튼하게 다져 보세요.

이 책의 구성

본 학습

제목을 통해 이번 차시에서 학습해야 할 내용이 무엇인지 짚어 보고, 그것을 익히기 위한 최적화된 연습문제를 반복해서 집중적으로 풀어 볼 수 있습니다.

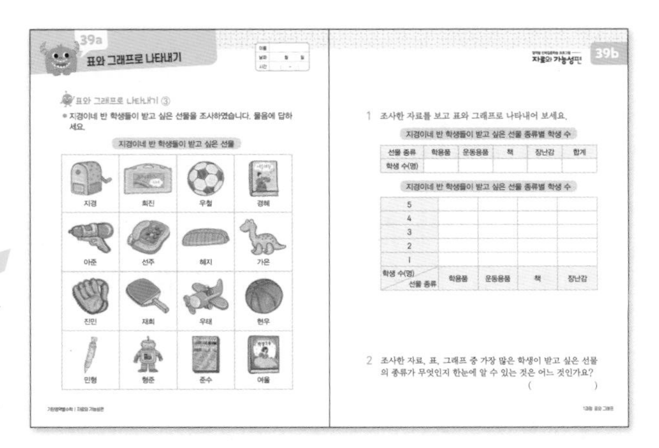

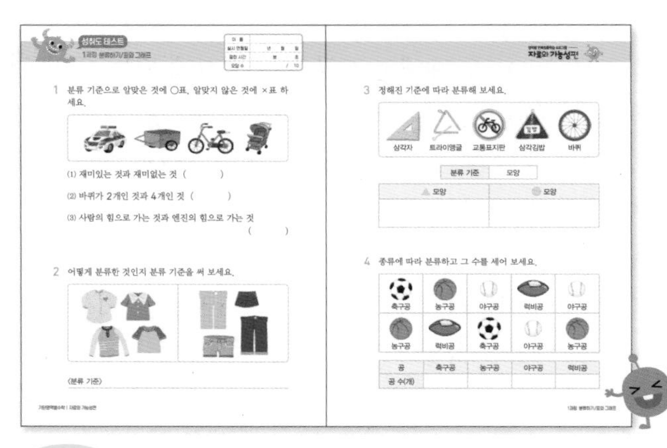

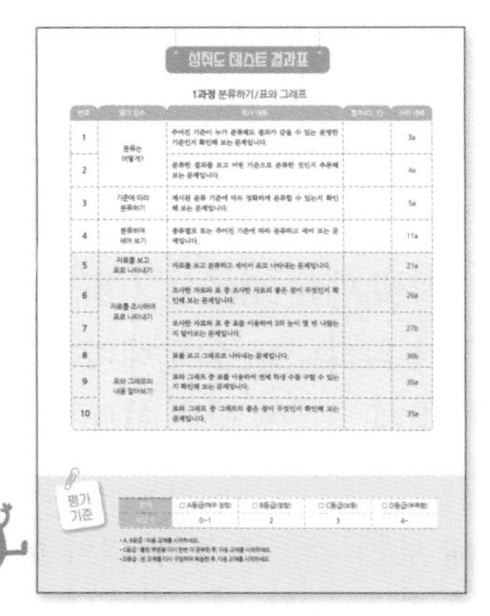

성취도 테스트

성취도 테스트는 본문에서 집중 연습한 내용을 최종적으로 한번 더 확인해 보는 문제들로 구성되어 있습니다. 성취도 테스트를 풀어 본 후, 결과표에 내가 맞은 문제인지 틀린 문제인지 체크를 해가며 각각의 문항을 통해 성취해야 할 학습목표와 학습내용을 짚어 보고, 성취된 부분과 부족한 부분이 무엇인지 확인합니다.

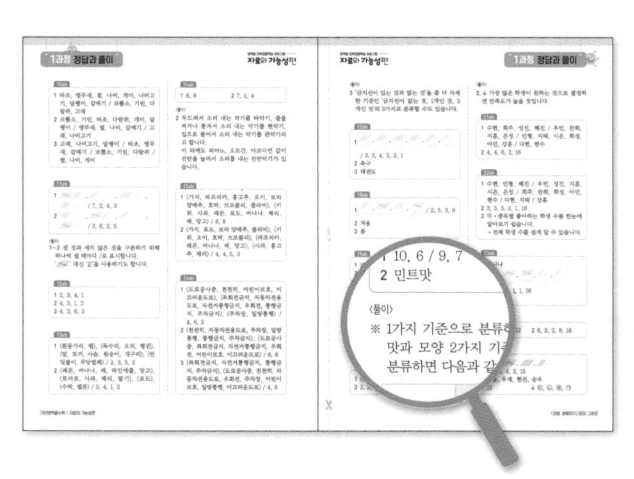

정답과 풀이

차시별 정답 확인 후 제시된 풀이를 통해 올바른 문제 풀이 방법을 확인합니다.

기탄영역별수학
자료와 가능성편

1과정
분류하기 / 표와 그래프

차례

분류하기

표와 그래프

1a 여러 가지 모양 찾기

이름	
날짜	월 일
시간	: ~ :

● 모양이 같은 물건을 찾아 ○표 하세요.

1

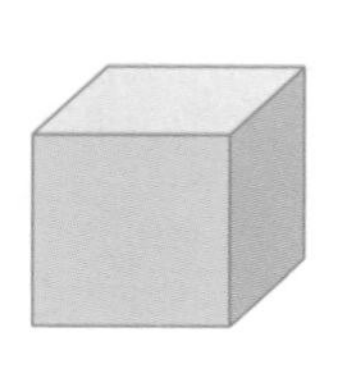

2

3

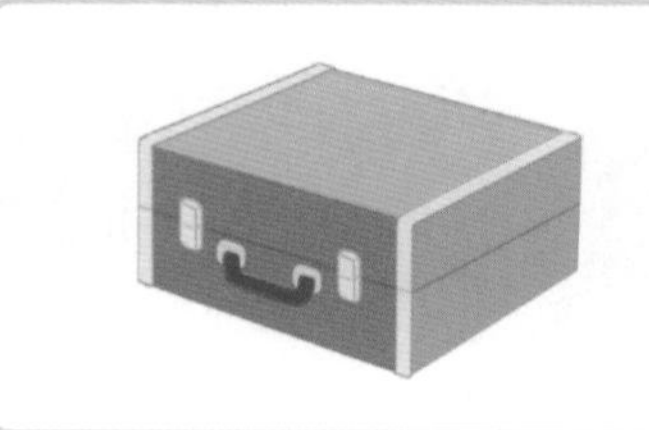

● 모양이 다른 것을 찾아 ×표 하세요.

4

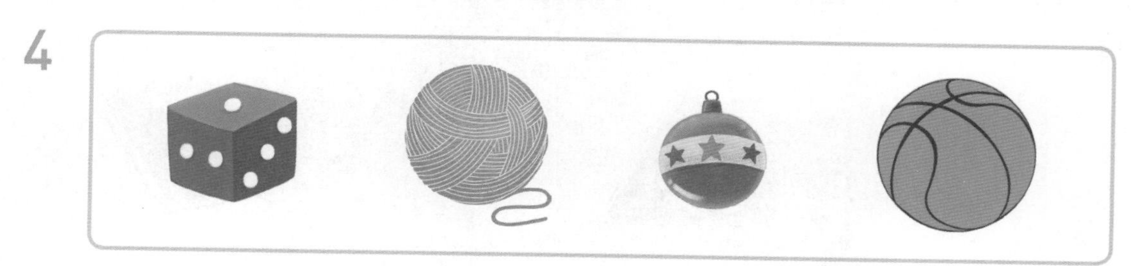

5

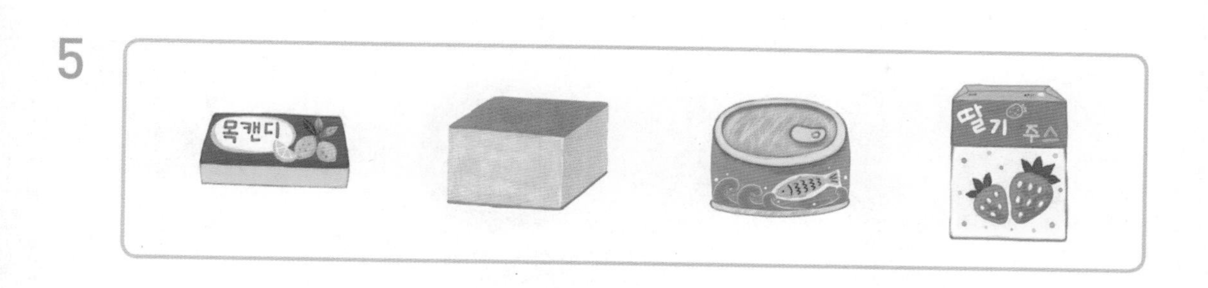

6

2a

여러 가지 모양 찾기

이름		
날짜	월	일
시간	: ~ :	

, ,  모양 찾기

● 모양이 같은 물건을 찾아 ○표 하세요.

1

2

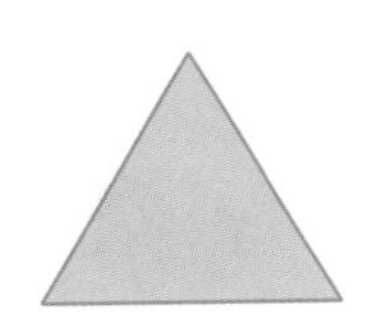

 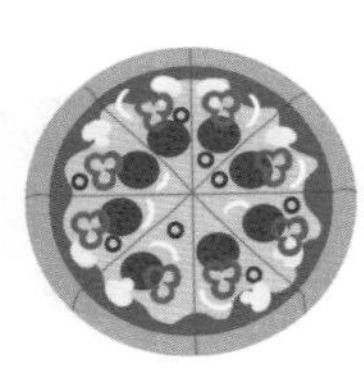 

3

● 모양이 다른 것을 찾아 ×표 하세요.

4

5

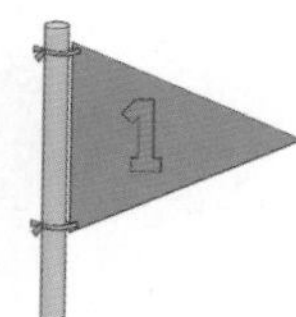

6

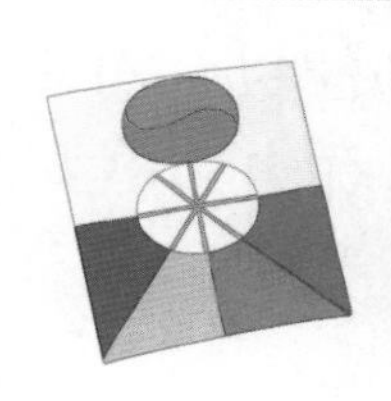

3a

분류는 어떻게?

이름	
날짜	월 일
시간	: ~ :

분류가 가능한지 알아보기

● 분류 기준으로 알맞은 것에 ○표 하세요.

1

예쁜 옷과
예쁘지 않은 옷

(　　　　　)

위에 입는 옷과
아래에 입는 옷

(　　　　　)

2

 모양인 것과
모양인 것

(　　　　　)

좋아하는 것과
좋아하지 않는 것

(　　　　　)

● 분류 기준으로 알맞은 것에 ○표, 알맞지 않은 것에 ×표 하세요.

3 재미있는 것과 재미없는 것 (　　　　　　)

4 바퀴가 2개인 것과 4개인 것 (　　　　　　)

5 사람의 힘으로 가는 것과 엔진의 힘으로 가는 것 (　　　　　　)

엔진은 기름이나 가스 등을 이용하여 힘을 일으키는 장치를 말해요.

6 편한 것과 불편한 것 (　　　　　　)

4a

분류는 어떻게?

이름	
날짜	월 일
시간	: ~ :

분류의 기준 알아보기

● 분류 기준으로 알맞은 것에 ○표 하세요.

1

(색깔 , 모양)

2

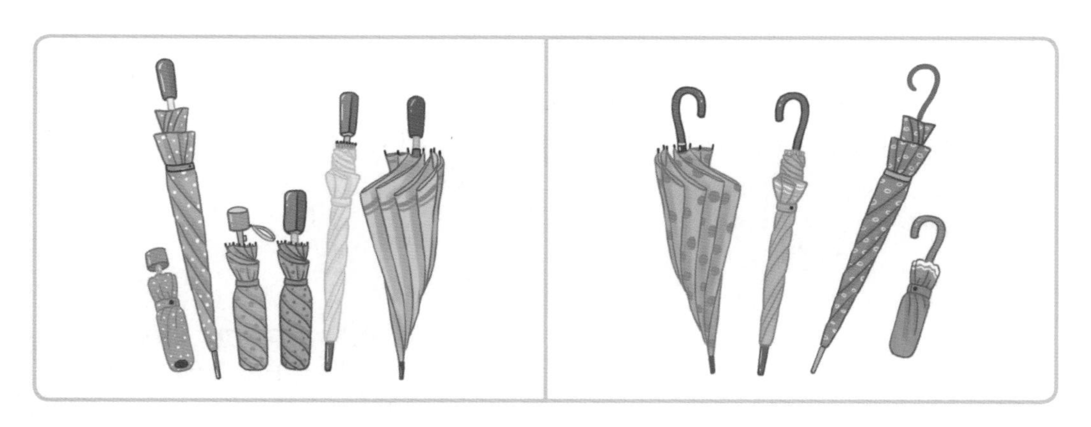

(길이 , 손잡이 모양)

 어떻게 분류한 것인지 분류 기준을 써 보세요.

3

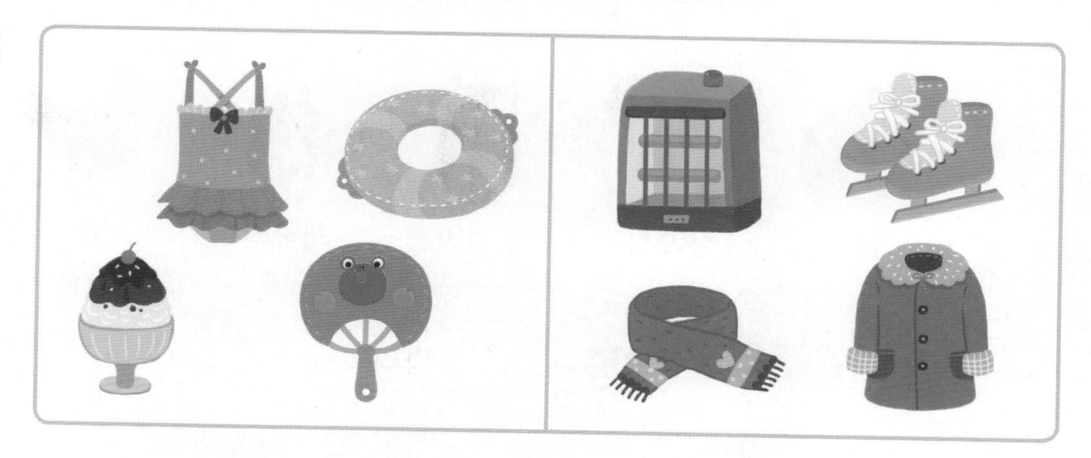

〈분류 기준〉

4

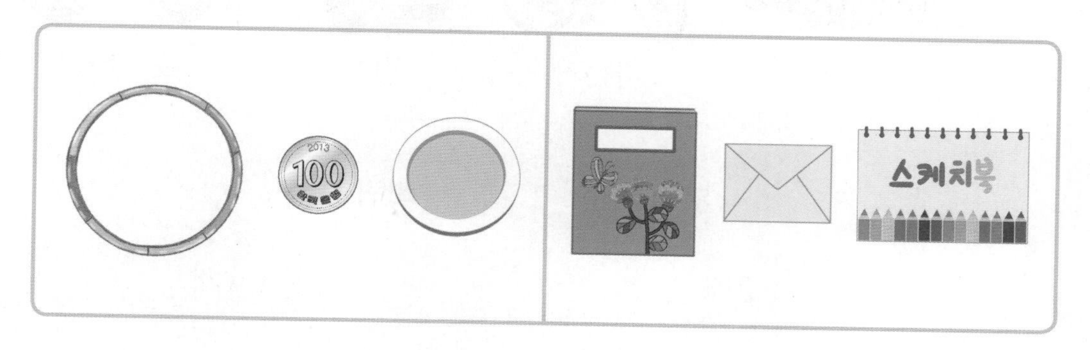

〈분류 기준〉

5a

기준에 따라 분류하기

이름	
날짜	월 일
시간	: ~ :

주어진 기준에 따라 분류해 보기 ①

● 정해진 기준에 따라 분류해 보세요.

1

분류 기준	다리의 수

2개	4개

2

분류 기준	바퀴 수

2개	4개

3

분류 기준	다리의 수

없는 것	6개	10개

6a

기준에 따라 분류하기

이름	
날짜	월 일
시간	: ~ :

주어진 기준에 따라 분류해 보기 ②

● 정해진 기준에 따라 분류해 보세요.

1

선물 상자 루빅스큐브 통조림 탁상시계 전자레인지

분류 기준	모양

 모양	모양

2

수박 감 당근 피망 오렌지 오이

분류 기준	색깔

주황색	녹색

3

분류 기준	모양

□ 모양	△ 모양	○ 모양

기준에 따라 분류하기

이름	
날짜	월 일
시간	: ~ :

주어진 기준에 따라 분류해 보기 ③

● 정해진 기준에 따라 분류해 보세요.

1

분류 기준	용도

운동기구	악기

2

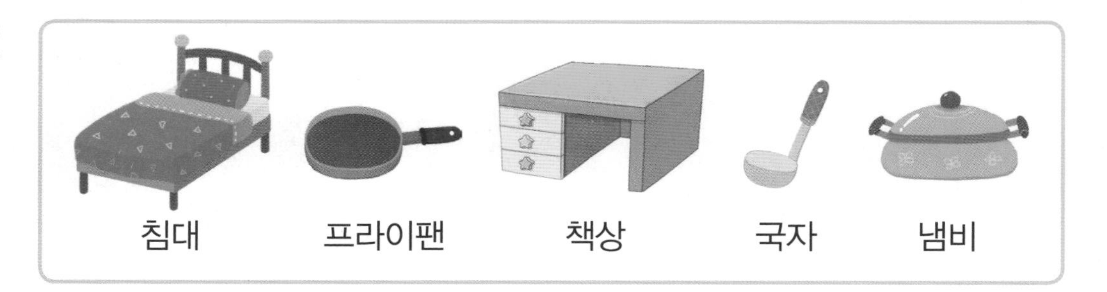

분류 기준	용도

가구	조리 도구

3

분류 기준	움직이는 장소

땅	하늘	물

기준에 따라 분류하기

이름	
날짜	월 일
시간	: ~ :

주어진 기준에 따라 분류해 보기 ④

● 정해진 기준에 따라 분류해 보세요.

1

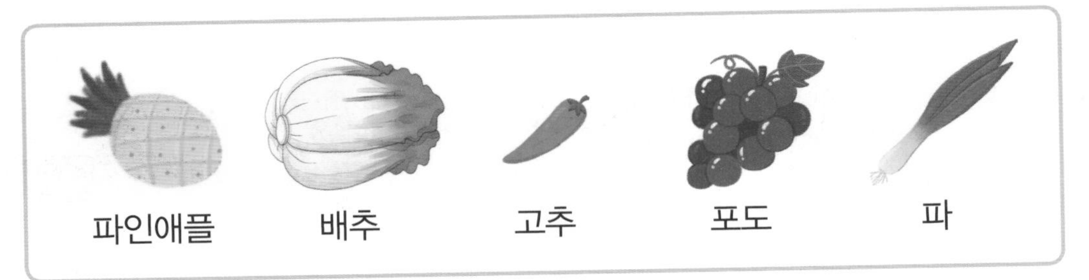

분류 기준	채소와 과일

채소인 것	과일인 것

2

분류 기준	번식 방법

알을 낳는 것	새끼를 낳는 것

3

분류 기준	소리 내는 방법

줄을 퉁겨서	입으로 불어서	두드려서

기준에 따라 분류하기

이름	
날짜	월 일
시간	: ~ :

여러 가지 기준으로 분류해 보기 ①

● 정해진 기준에 따라 단추를 분류해 보세요.

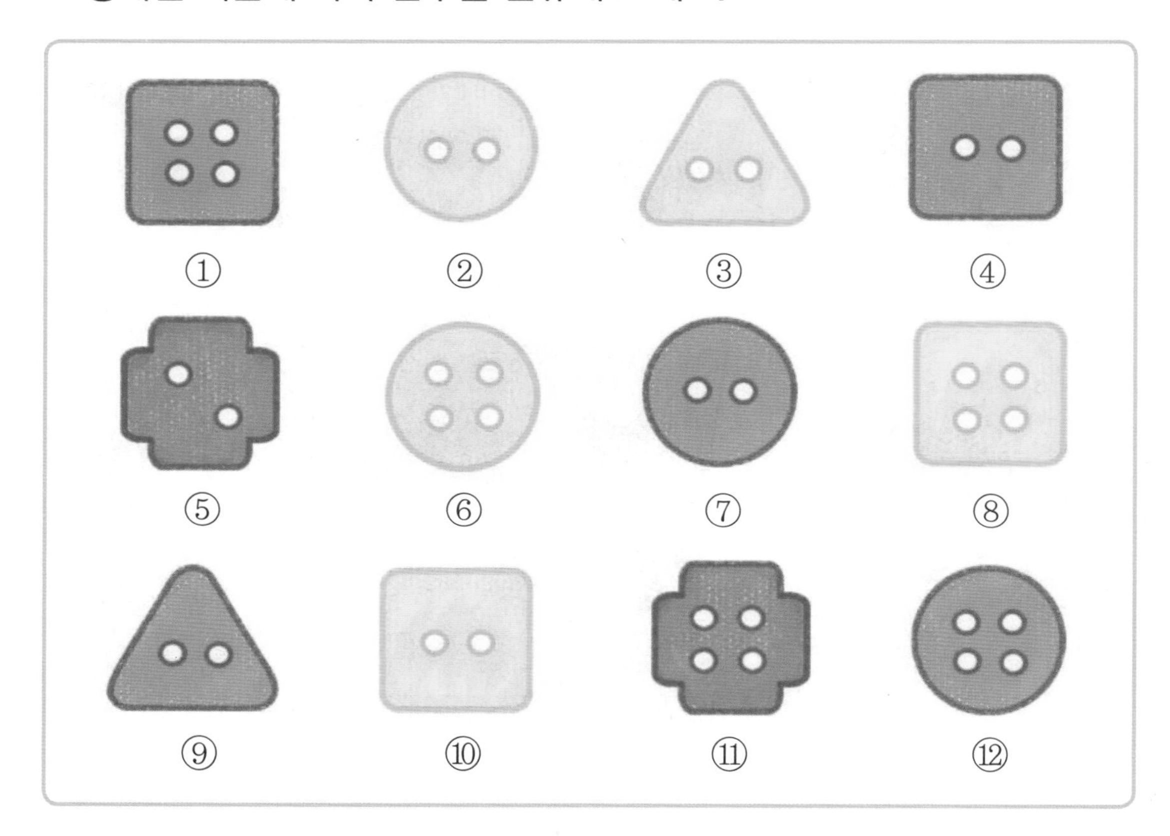

1

분류 기준	단춧구멍의 수

2개	4개

2

분류 기준	단추 색깔

빨간색	노란색	파란색

3

분류 기준	단추 모양

□ 모양	△ 모양
○ 모양	✚ 모양

10a

기준에 따라 분류하기

이름	
날짜	월 일
시간	: ~ :

여러 가지 기준으로 분류해 보기 ②

● 정해진 기준에 따라 동물을 분류해 보세요.

1

분류 기준	번식 방법

알을 낳는 것	새끼를 낳는 것

2

분류 기준	활동하는 곳

땅	하늘	물

3

분류 기준	다리의 수

없는 것	2개
4개	6개

11a

분류하여 세어 보기

이름	
날짜	월 일
시간	: ~ :

분류하여 세어 보기 ①

1 학생들이 좋아하는 운동을 조사하였습니다. 운동을 종류에 따라 분류하고 그 수를 세어 보세요.

운동	농구	볼링	수영	축구
세면서 표시				
학생 수(명)				

2 학생들이 좋아하는 계절을 조사하였습니다. 계절을 종류에 따라 분류하고 그 수를 세어 보세요.

계절	봄	여름	가을	겨울
세면서 표시				
학생 수(명)				

12a

분류하여 세어 보기

이름	
날짜	월 일
시간	: ~ :

● 종류에 따라 분류하고 그 수를 세어 보세요.

1

감	바나나	사과	파인애플	사과
사과	감	사과	바나나	바나나

과일	감	바나나	사과	파인애플
과일 수(개)				

2

축구공	야구공	비치볼	야구공	농구공
야구공	축구공	농구공	축구공	축구공

공	축구공	야구공	비치볼	농구공
공 수(개)				

3

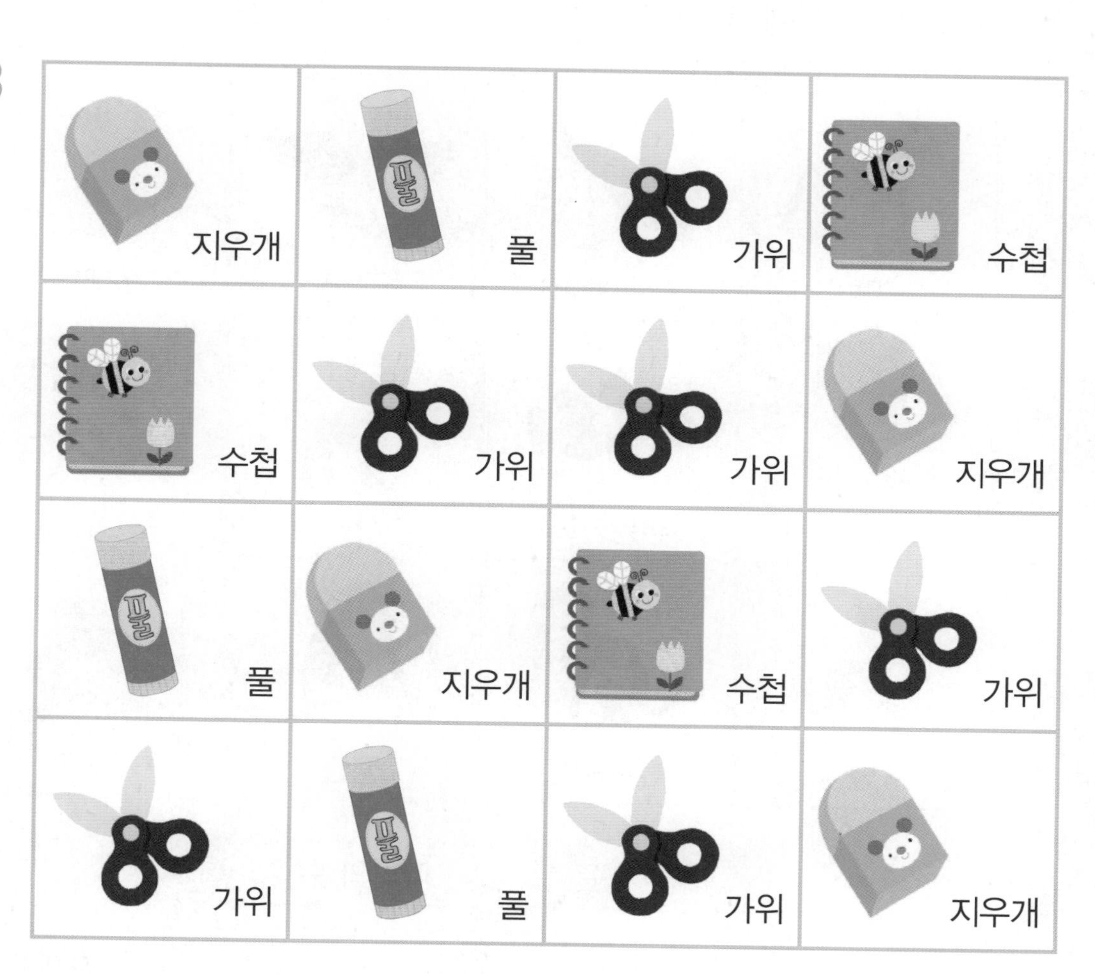

학용품	지우개	풀	가위	수첩
학용품 수 (개)				

13a

분류하여 세어 보기

이름	
날짜	월 일
시간	: ~ :

주어진 기준에 따라 분류하여 세어 보기 ①

1 동물을 기준에 따라 분류하고 그 수를 세어 보세요.

분류 기준	다리의 수

다리 수	없는 것	2개	4개	6개
동물 이름				
수(마리)				

2 열매를 기준에 따라 분류하고 그 수를 세어 보세요.

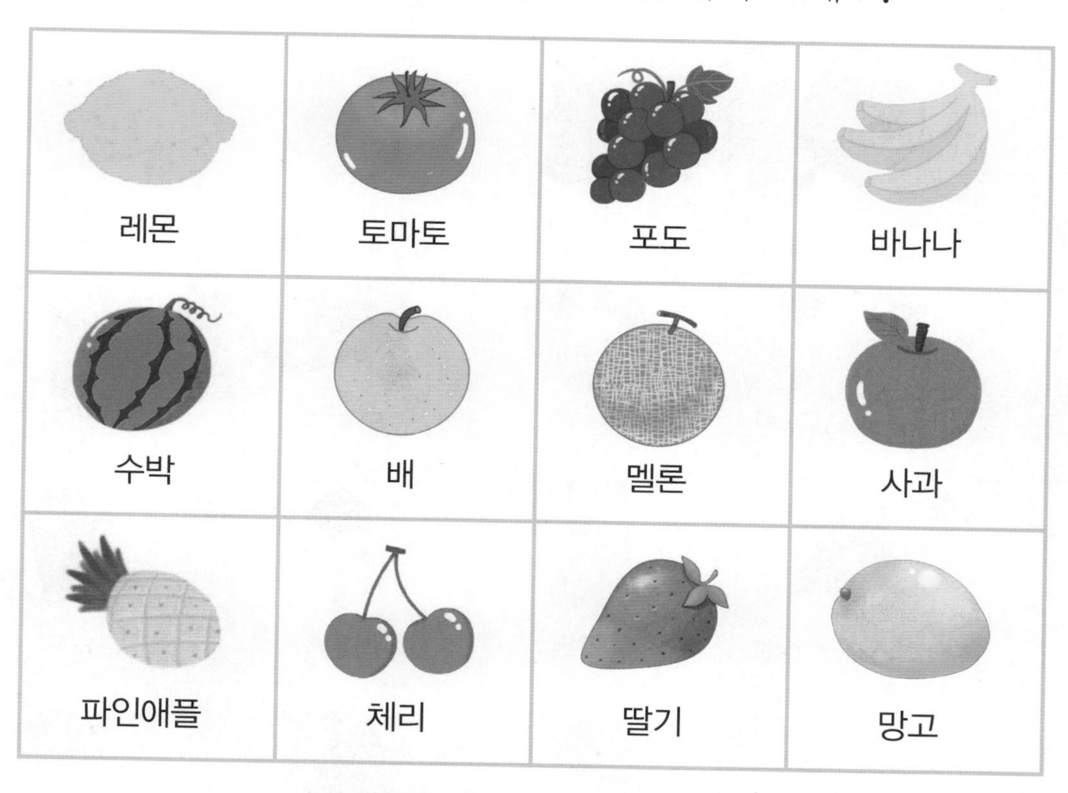

분류 기준	색깔

색깔	노란색	빨간색	보라색	녹색
열매 이름				
수(개)				

14a 분류하여 세어 보기

이름	
날짜	월 일
시간	: ~ :

주어진 기준에 따라 분류하여 세어 보기 ②

● 주어진 기준에 따라 분류하여 그 수를 세어 보세요.

1

부채	난로	비치볼	털모자
반팔티셔츠	튜브	목도리	선풍기
크리스마스트리	수영복	팥빙수	털장갑
스케이트	비치파라솔	코트	썰매

분류 기준	사용하는 계절

계절	여름	겨울
수(개)		

2

분류 기준	소리 내는 방법

악기	두드려서	줄을 켜거나 퉁겨서	입으로 불어서
수(개)			

*줄을 켜다: 활 같은 것으로 문질러 소리 내는 것

분류하여 세어 보기

이름	
날짜	월 일
시간	: ~ :

여러 가지 기준으로 분류하여 세어 보기 ①

● 정해진 기준에 따라 분류하여 그 수를 세어 보세요.

1

분류 기준	채소와 과일

종류	채소	과일
이름		
수(개)		

2

분류 기준	색깔

종류	보라색	녹색	노란색	빨간색
이름				
수(개)				

분류하여 세어 보기

이름	
날짜	월 일
시간	: ~ :

여러 가지 기준으로 분류하여 세어 보기 ②

● 정해진 기준에 따라 분류하여 그 수를 세어 보세요.

1

분류 기준	모양

모양	△	○	□
표지판 이름			
수(개)			

2

분류 기준	글자가 있는 것과 없는 것

글자	있는 것	없는 것
표지판 이름		
수(개)		

3

분류 기준	금지선이 있는 것과 없는 것

금지선	있는 것	없는 것
표지판 이름		
수(개)		

17a

분류한 결과 말해 보기

이름	
날짜	월 일
시간	: ~ :

분류한 결과의 이해 ①

● 학생들이 좋아하는 운동을 조사하였습니다. 물음에 답하세요.

농구	수영	축구	볼링
축구	볼링	농구	축구
야구	수영	야구	농구
볼링	태권도	축구	수영

1 운동에 따라 분류하고 그 수를 세어 보세요.

운동	농구	수영	축구	볼링	야구	태권도
세면서 표시						
학생 수(명)						

2 가장 많은 학생이 좋아하는 운동은 무엇인지 써 보세요.

( )

3 가장 적은 학생이 좋아하는 운동은 무엇인지 써 보세요.

( )

18a

분류한 결과 말해 보기

이름	
날짜	월 일
시간	: ~ :

분류한 결과의 이해 ②

● 학생들이 좋아하는 계절을 조사하였습니다. 물음에 답하세요.

봄	가을	봄	여름
여름	겨울	겨울	겨울
겨울	가을	여름	겨울
여름	겨울	여름	가을

1 계절에 따라 분류하고 그 수를 세어 보세요.

계절	봄	여름	가을	겨울
세면서 표시				
학생 수(명)				

2 가장 많은 학생이 좋아하는 계절은 무엇인지 써 보세요.

( )

3 가장 적은 학생이 좋아하는 계절은 무엇인지 써 보세요.

( )

19a

분류한 결과 말해 보기

이름	
날짜	월 일
시간	: ~ :

분류한 결과의 이해 ③

● 학생들이 좋아하는 사탕을 조사하였습니다. 물음에 답하세요.

1 주어진 기준에 따라 분류하여 그 수를 세어 보세요.

분류 기준	맛

맛	민트 맛	체리 맛
사탕 수(개)		

분류 기준	모양

모양	알사탕	막대 사탕
사탕 수(개)		

2 학생들이 더 좋아하는 맛은 민트 맛과 체리 맛 중 어느 것인가요?

( )

3 학생들이 더 좋아하는 모양은 알사탕과 막대 사탕 중 어느 것인가요?

( )

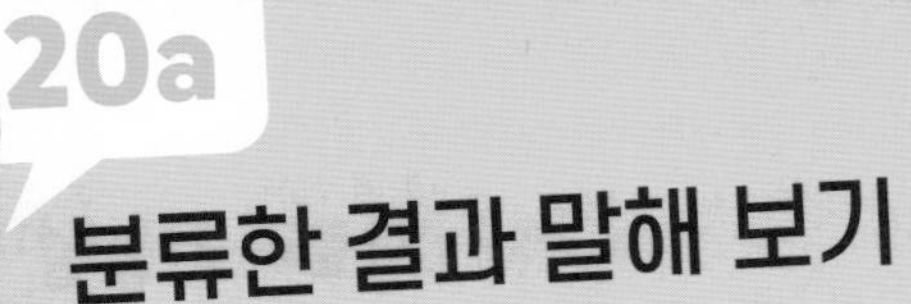

20a 분류한 결과 말해 보기

이름	
날짜	월 일
시간	: ~ :

분류한 결과의 이해 ④

- 학생들이 가 보고 싶은 체험 학습 장소를 조사하였습니다. 물음에 답하세요.

1 가 보고 싶은 체험 학습 장소에 따라 분류하고 그 수를 세어 보세요.

장소	박물관	동물원	미술관	수족관
학생 수(명)				

2 체험 학습을 어디로 가면 좋을지 써 보세요.

( )

● 학생들이 반 마스코트로 어떤 것을 좋아하는지 조사하였습니다. 물음에 답하세요.

3 마스코트에 따라 분류하고 그 수를 세어 보세요.

마스코트	고미	돼랑이	토디	호구
학생 수(명)				

4 반 마스코트로 어떤 것이 좋을지 써 보세요.

(　　　　　　　　)

21a

자료를 보고 표로 나타내기

이름	
날짜	월 일
시간	: ~ :

자료를 보고 표로 나타내기 ①

● 민형이네 반 학생들이 좋아하는 우유 맛을 알아보았습니다. 물음에 답하세요.

민형이네 반 학생들이 좋아하는 우유 맛

1 민형이네 반 학생들이 좋아하는 우유 맛을 보고 이름을 써 보세요.

민형이네 반 학생들이 좋아하는 우유 맛

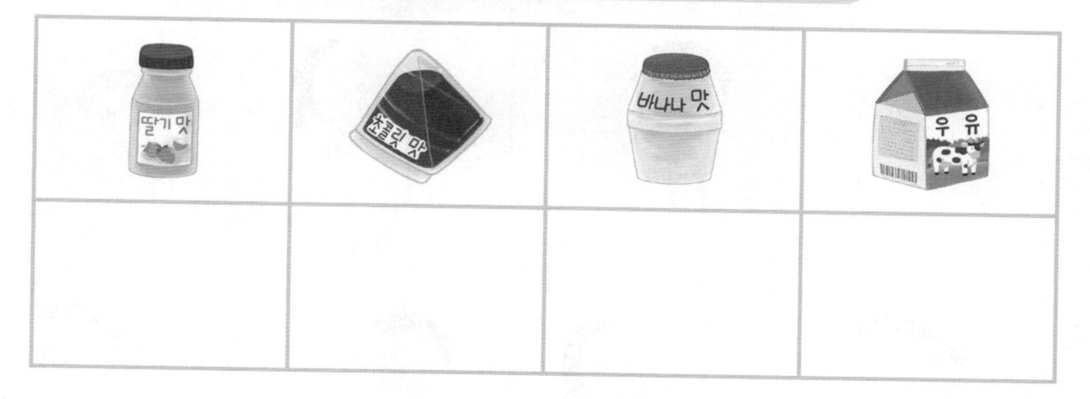

2 학생들이 좋아하는 우유 맛을 표로 나타내어 보세요.

민형이네 반 학생들이 좋아하는 우유 맛별 학생 수

우유 맛	딸기	초콜릿	바나나	흰 우유	합계
학생 수(명)					

표로 나타내면 우유 맛별 좋아하는 학생 수를 한눈에 알아보기 쉽습니다. 또한, 전체 학생 수도 쉽게 알 수 있습니다.

22a

자료를 보고 표로 나타내기

이름	
날짜	월 일
시간	: ~ :

자료를 보고 표로 나타내기 ②

● 민형이네 반 학생들이 좋아하는 올림픽 종목을 알아보았습니다. 물음에 답하세요.

민형이네 반 학생들이 좋아하는 올림픽 종목

1 민형이네 반 학생들이 좋아하는 올림픽 종목을 보고 이름을 써 보세요.

민형이네 반 학생들이 좋아하는 올림픽 종목

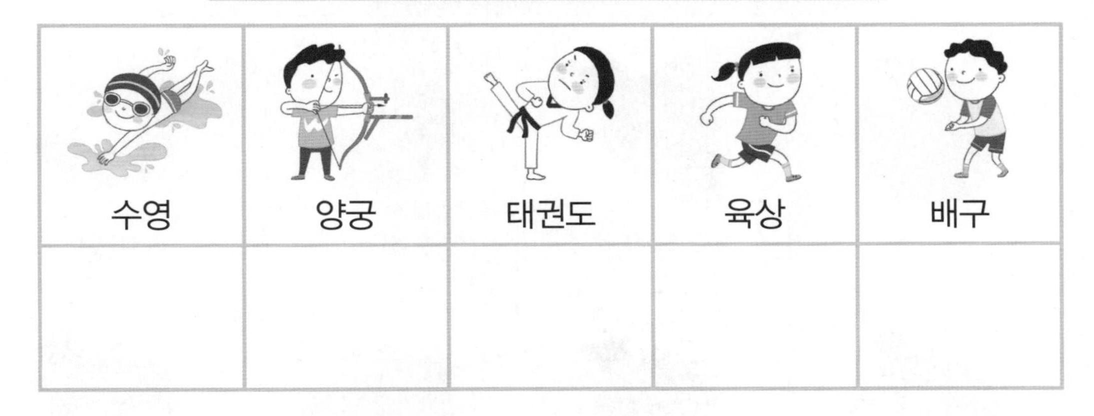

2 학생들이 좋아하는 올림픽 종목을 표로 나타내어 보세요.

민형이네 반 학생들이 좋아하는 올림픽 종목별 학생 수

종목	수영	양궁	태권도	육상	배구	합계
학생 수(명)						

3 표로 나타내면 어떤 점이 편리한지 써 보세요.

자료를 보고 표로 나타내기

이름	
날짜	월 일
시간	: ~ :

자료를 보고 표로 나타내기 ③

● 민형이네 반 학생들이 좋아하는 과일을 알아보았습니다. 물음에 답하세요.

민형이네 반 학생들이 좋아하는 과일

 수현	 우빈	 희주	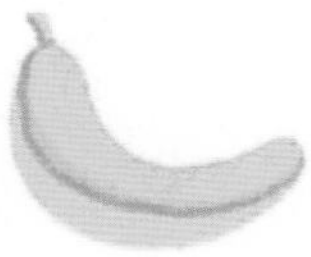 민형
 다현	 찬희	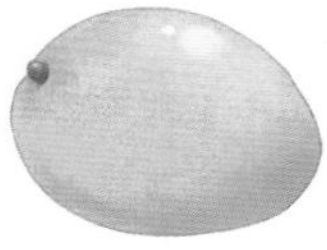 성진	 지태
 지훈	 시은	 희성	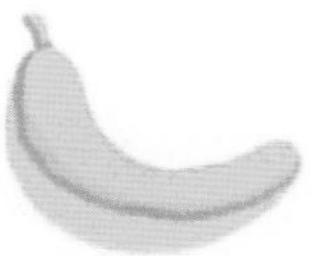 혜진
 아민	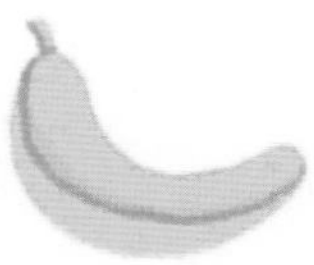 강훈	 현수	 은성

1 민형이가 좋아하는 과일은 무엇인가요?

( )

2 조사한 자료를 보고 표로 나타내어 보세요.

민형이네 반 학생들이 좋아하는 과일별 학생 수

과일	사과	포도	바나나	망고	오렌지	합계
학생 수 (명)						

3 민형이네 반 학생은 모두 몇 명인가요?

( )명

누가 어떤 과일을 좋아하는지 알 수 있는 것은 조사한 '자료'이고, 과일별 좋아하는 학생 수나 전체 학생 수를 쉽게 알 수 있는 것은 '표'입니다.

24a

자료를 보고 표로 나타내기

이름	
날짜	월 일
시간	: ~ :

자료를 보고 표로 나타내기 ④

1 도현이 친구들이 좋아하는 큰 동물을 알아보았습니다. 자료를 보고 표로 나타내어 보세요.

도현이 친구들이 좋아하는 큰 동물

희주	혁진	성훈	도현
교진	아휘	정아	준석
미연	현우	사랑	찬영

도현이 친구들이 좋아하는 큰 동물별 학생 수

동물	곰	사자	코끼리	하마	합계
학생 수(명)					

2 여러 조각으로 모양을 만들었습니다. 사용한 조각의 수를 표로 나타내어 보세요.

사용한 조각 수

조각					합계
조각 수(개)					

자료를 조사하여 표로 나타내기

이름	
날짜	월 일
시간	: ~ :

자료를 조사하여 표로 나타내기 ①

● 경훈이네 반 남학생들이 좋아하는 운동을 조사하였습니다. 물음에 답하세요.

경훈이네 반 남학생들이 좋아하는 운동

1 조사한 자료를 보고 표로 나타내어 보세요.

경훈이네 반 남학생들이 좋아하는 운동별 학생 수

운동	농구	축구	야구	배구	합계
학생 수 (명)					

2 농구를 좋아하는 학생들의 이름을 모두 써 보세요.

( )

3 조사한 학생 수는 모두 몇 명인가요?

( )명

4 자료를 조사하여 표로 나타내는 과정을 순서대로 기호로 써 보세요.

㉠ 조사한 자료를 표로 나타냅니다.
㉡ 어떤 방법으로 조사할지 정합니다. (예 좋아하는 운동 종목에 각자 붙임딱지를 붙이게 하는 방법)
㉢ 무엇을 조사할지 정합니다. (예 우리 반 남학생들이 좋아하는 운동)
㉣ 정한 방법에 따라 조사합니다.

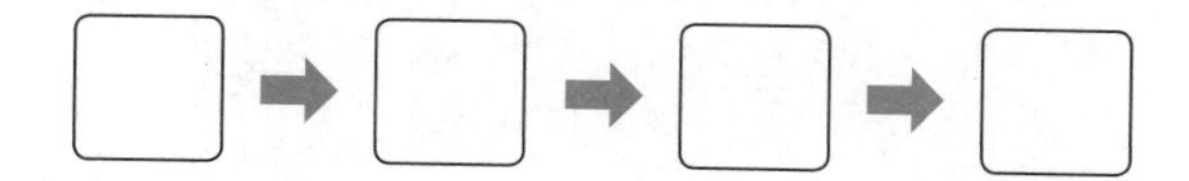

자료를 조사하여 표로 나타내기

이름		
날짜	월	일
시간	: ~ :	

자료를 조사하여 표로 나타내기 ②

● 은진이네 반 학생들이 좋아하는 꽃을 조사하였습니다. 물음에 답하세요.

은진이네 반 학생들이 좋아하는 꽃

1 은진이네 반 학생들이 좋아하는 꽃을 보고 학생들의 이름을 써 보세요.

은진이네 반 학생들이 좋아하는 꽃

장미	해바라기	백합	튤립

2 조사한 자료를 보고 표로 나타내어 보세요.

은진이네 반 학생들이 좋아하는 꽃별 학생 수

꽃	장미	해바라기	백합	튤립	합계
학생 수(명)					

3 누가 어떤 꽃을 좋아하는지 알 수 있는 것은 조사한 자료와 표 중 어느 것인가요?

( )

27a

자료를 조사하여 표로 나타내기

이름	
날짜	월 일
시간	: ~ :

자료를 조사하여 표로 나타내기 ③

● 은진이네 반 학생들이 좋아하는 계절을 조사하였습니다. 물음에 답하세요.

은진이네 반 학생들이 좋아하는 계절

1 조사한 자료를 보고 표로 나타내어 보세요.

은진이네 반 학생들이 좋아하는 계절별 학생 수

계절	봄	여름	가을	겨울	합계
학생 수(명)					

2 은진이가 좋아하는 계절은 무엇인가요?

( )

3 은진이네 반 학생들은 모두 몇 명인가요?

( )명

4 겨울을 좋아하는 학생 수를 쉽게 알 수 있는 것은 조사한 자료와 표 중 어느 것인가요?

( )

자료를 조사하여 표로 나타내기

이름	
날짜	월 일
시간	: ~ :

자료를 조사하여 표로 나타내기 ④

● 경아네 반 학생들이 읽고 싶은 책을 조사하여 표로 나타내었습니다. 표를 보고 물음에 답하세요.

경아네 반 학생들이 읽고 싶은 책별 학생 수

책	전래동화	창작동화	만화책	위인전	합계
학생 수(명)	2	6	5	2	15

1 창작동화를 읽고 싶은 학생과 위인전을 읽고 싶은 학생은 각각 몇 명인가요?

창작동화 (　　　　)명

위인전 (　　　　)명

2 경아네 반 학생 수는 모두 몇 명인가요?

(　　　　)명

3 위 표를 보고 경아가 읽고 싶은 책이 무엇인지 알 수 있나요?

(　　　　)

● 주사위 1개를 10번 굴려서 나온 눈을 조사하였습니다. 물음에 답하세요.

주사위 굴리기 결과

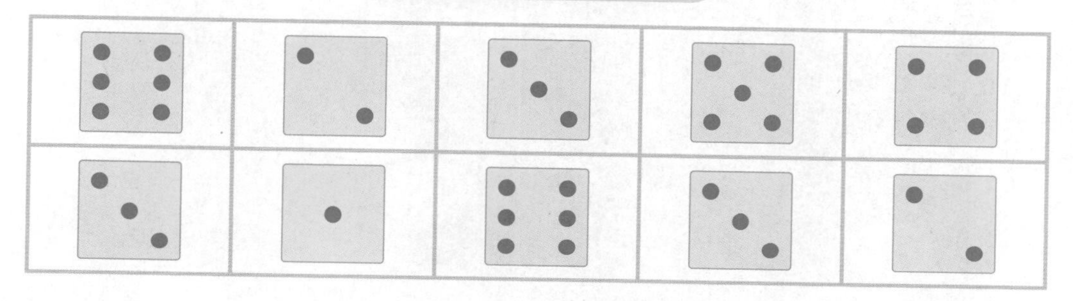

4 조사한 자료를 보고 표로 나타내어 보세요.

나온 눈의 횟수

눈	⚀	⚁	⚂	⚃	⚄	⚅	합계
횟수(번)							
							10

5 3의 눈이 몇 번 나왔는지 한눈에 알 수 있는 것은 조사한 자료와 표 중 어느 것인가요?

( )

29a

그래프로 나타내기

이름	
날짜	월 일
시간	: ~ :

그래프 알기 ①

● 민형이네 반 학생들이 좋아하는 간식을 조사하여 학생들이 좋아하는 간식 그림을 칠판에 붙여 보았습니다. 물음에 답하세요.

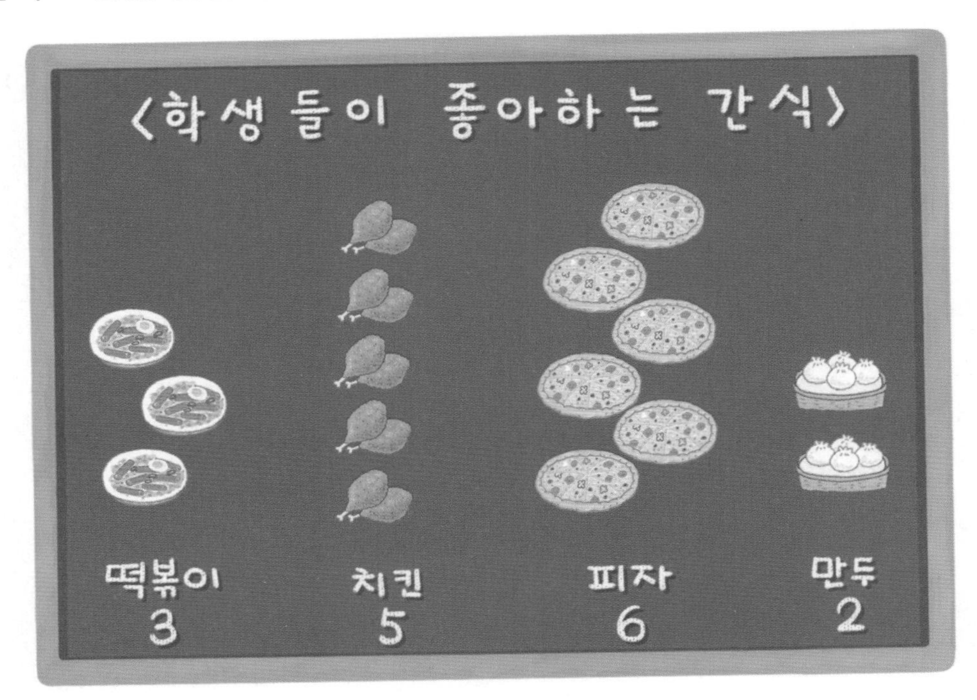

1 이것을 그래프로 나타내려고 합니다. 순서에 맞게 빈칸에 알맞게 써넣어 보세요.

① 가로에는 간식의 종류를 쓰고, 세로에는 [ ] 를 씁니다.

② 가로를 [ ] 칸, 세로를 [ ] 칸으로 정합니다.

③ 그래프에 ○, ×, / 중 하나를 선택하여 나타냅니다.

④ 그래프의 [ ] 을 씁니다.

2 1번의 순서대로 ○를 이용하여 그래프로 나타내어 보세요.

민형이네 반 학생들이 좋아하는 ☐별 학생 수

4				
3				
2				
1	○			
학생 수(명) / 간식	떡볶이			

3 2번과 다른 방법으로 ×를 이용하여 그래프로 나타내어 보세요.

민형이네 반 학생들이 좋아하는 ☐별 학생 수

떡볶이	×					
간식 / 학생 수(명)	1	2	3	4		

30a 그래프로 나타내기

이름	
날짜	월 일
시간	: ~ :

그래프 알기 ②

● 민형이네 반 학생들이 배우고 싶은 악기를 조사하였습니다. 물음에 답하세요.

민형이네 반 학생들이 배우고 싶은 악기

수현	우빈	희주	민형
다현	찬희	성진	지태
지훈	시은	희성	혜진
아민	강훈	현수	은성

1 민형이네 반 학생들이 배우고 싶은 악기별 학생 수를 그래프로 나타내려고 합니다. 순서에 맞게 빈칸에 알맞게 써넣어 보세요.

① 가로에는 [ ] 의 종류를 쓰고, 세로에는 학생 수를 씁니다.

② 가로를 [ ] 칸, 세로를 [ ] 칸으로 정합니다.

③ 그래프에 ○를 이용하여 나타냅니다.

④ 그래프의 [ ] 을 씁니다.

2 민형이네 반 학생들이 배우고 싶은 악기별 학생 수를 ○를 이용하여 그래프로 나타내어 보세요.

민형이네 반 학생들이 배우고 싶은 [ ] 별 학생 수

2					
1	○				
학생 수(명) / [ ]	 바이올린	 플루트	 드럼	 피아노	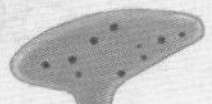 오카리나

31a 그래프로 나타내기

이름	
날짜	월 일
시간	: ~ :

그래프로 나타내기 ①

● 은진이네 반 학생들이 관찰해 보고 싶은 곤충을 조사하였습니다. 물음에 답하세요.

은진이네 반 학생들이 관찰해 보고 싶은 곤충

은진	예린	형주	태민
민준	한주	시윤	현승
영인	다혜	강훈	도균
인혜	은송	수정	하은

1 조사한 자료를 보고 ○를 이용하여 그래프로 나타내어 보세요.

은진이네 반 학생들이 관찰해 보고 싶은 곤충별 학생 수

5					
4					
3					
2					
1					
학생 수(명) / 곤충	 사슴벌레	 꿀벌	 반딧불이	 무당벌레	 사마귀

2 은진이가 관찰해 보고 싶은 곤충은 무엇인가요?

( )

3 은진이가 관찰해 보고 싶은 곤충을 알 수 있는 것은 조사한 자료와 그래프 중 어느 것인가요?

( )

32a

그래프로 나타내기

이름	
날짜	월 일
시간	: ~ :

그래프로 나타내기 ②

● 은진이네 반 학생들이 가 보고 싶은 견학 장소를 조사하였습니다. 물음에 답하세요.

은진이네 반 학생들이 가 보고 싶은 견학 장소

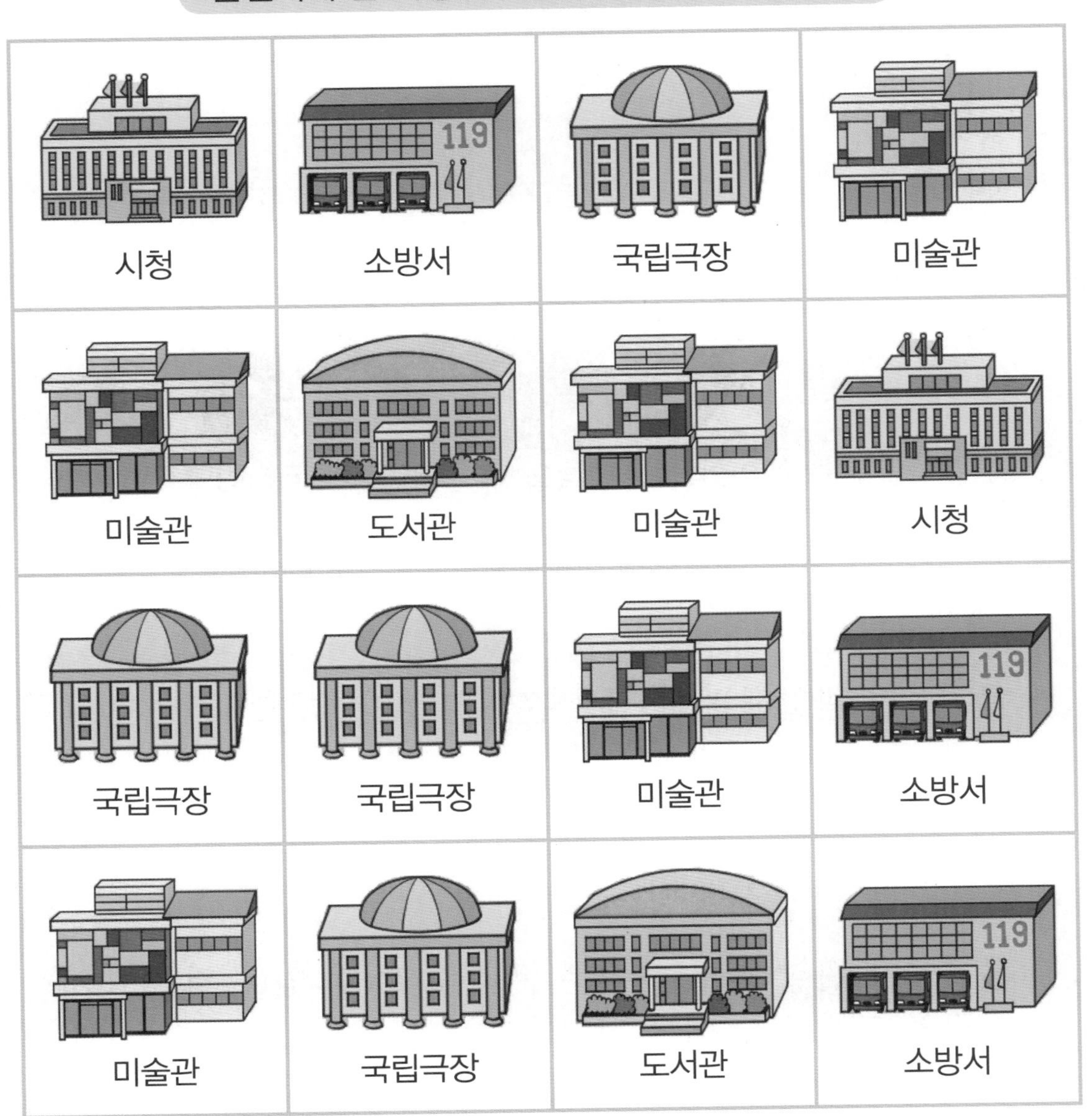

시청	소방서	국립극장	미술관
미술관	도서관	미술관	시청
국립극장	국립극장	미술관	소방서
미술관	국립극장	도서관	소방서

1 조사한 자료를 보고 ○를 이용하여 그래프로 나타내어 보세요.

은진이네 반 학생들이 가 보고 싶은 견학 장소별 학생 수

5					
4					
3					
2					
1					
학생 수(명) / 장소	시청	소방서	국립극장	미술관	도서관

2 가장 많은 학생이 가 보고 싶은 견학 장소는 어디인가요?

( )

3 가장 많은 학생이 가 보고 싶은 견학 장소를 한눈에 알 수 있는 것은 조사한 자료와 그래프 중 어느 것인가요?

( )

표와 그래프의 내용 알아보기

이름	
날짜	월 일
시간	: ~ :

표의 이해

● 민형이네 반과 승철이네 반 학생들이 합동 체육수업 때 하고 싶은 운동을 조사하였습니다. 물음에 답하세요.

민형이네 반 학생들이 하고 싶은 운동별 학생 수

운동	농구	배구	피구	축구	합계
학생 수(명)	4	2	8	2	16

승철이네 반 학생들이 하고 싶은 운동별 학생 수

운동	야구	농구	배구	피구	합계
학생 수(명)	3	4	3	7	17

1 민형이네 반에서 가장 많은 학생이 하고 싶은 운동은 무엇인가요?

( )

2 승철이네 반에서 가장 많은 학생이 하고 싶은 운동은 무엇인가요?

( )

3 민형이네 반과 승철이네 반 학생들이 가장 많이 하고 싶은 운동은 서로 같습니까?

( )

4 민형이네 반과 승철이네 반 합동 체육수업 때 어떤 운동을 하면 좋겠습니까?

( )

표와 그래프의 내용 알아보기

이름	
날짜	월 일
시간	: ~ :

● 4월 한 달 날씨를 조사하여 그래프로 나타내었습니다. 물음에 답하세요.

4월 날씨별 날수

12	○		
11	○	○	
10	○	○	
9	○	○	
8	○	○	
7	○	○	○
6	○	○	○
5	○	○	○
4	○	○	○
3	○	○	○
2	○	○	○
1	○	○	○
날수(일) / 날씨	맑음	흐림	비

1 4월 한 달 중 가장 많았던 날씨는 맑음, 흐림, 비 중 어느 것인가요?

( )

2 맑음, 흐림, 비 중 10일보다 많았던 날씨를 모두 찾아보세요.

( )

3 그래프를 보고 4월 8일의 날씨가 어떠했는지 알 수 있나요?

( )

35a

표와 그래프의 내용 알아보기

이름	
날짜	월 일
시간	: ~ :

표와 그래프의 이해 ①

● 보형이네 반 학생들이 싫어하는 채소를 조사하여 표와 그래프로 나타내었습니다. 물음에 답하세요.

보형이네 반 학생들이 싫어하는 채소별 학생 수

채소	당근	파	가지	마늘	피망	합계
학생 수(명)	3	4	1	5	7	20

보형이네 반 학생들이 싫어하는 채소별 학생 수

7					○
6					○
5				○	○
4		○		○	○
3	○	○		○	○
2	○	○		○	○
1	○	○	○	○	○
학생 수(명) / 채소	당근	파	가지	마늘	피망

1 보형이네 반 전체 학생 수를 알기에 편리한 것은 표와 그래프 중 어느 것인가요?

( )

2 가장 많은 학생이 싫어하는 채소가 무엇인지 한눈에 알 수 있는 것은 표와 그래프 중 어느 것인가요?

( )

3 마늘을 싫어하는 학생 수가 몇 명인지 한눈에 알 수 있는 것은 표와 그래프 중 어느 것인가요?

( )

4 싫어하는 학생 수의 많고 적음을 한눈에 비교할 수 있는 것은 표와 그래프 중 어느 것인가요?

( )

표와 그래프의 내용 알아보기

이름	
날짜	월 일
시간	: ~ :

표와 그래프의 이해 ②

● 보형이네 반 학생들이 키우고 싶은 반려동물을 조사하여 표로 나타내었습니다. 물음에 답하세요.

보형이네 반 학생들이 키우고 싶은 반려동물별 학생 수

반려동물	강아지	토끼	고양이	햄스터	고슴도치	합계
학생 수(명)	6	3	4	5	2	20

1 보형이네 반 학생은 모두 몇 명인가요?

( )명

2 토끼를 키우고 싶은 학생은 몇 명인가요?

( )명

3 가장 많은 학생이 키우고 싶은 반려동물은 무엇인가요?

( )

4 앞의 표를 보고 ○를 이용하여 그래프로 나타내어 보세요.

보형이네 반 학생들이 키우고 싶은 반려동물별 학생 수

6					
5					
4					
3					
2					
1					
학생 수(명) / 반려동물	강아지	토끼	고양이	햄스터	고슴도치

5 가장 많은 학생이 키우고 싶은 반려동물부터 순서대로 써 보세요.

( )

6 키우고 싶은 학생 수의 많고 적음을 한눈에 비교할 수 있는 것은 표와 그래프 중 어느 것인가요?

( )

표와 그래프로 나타내기

이름	
날짜	월 일
시간	: ~ :

표와 그래프로 나타내기 ①

● 민형이네 반 학생들이 겨울잠을 자는 동물을 다음과 같이 정하여 조사하기로 하였습니다. 물음에 답하세요.

민형이네 반 학생들이 조사할 동물

1 조사한 자료를 보고 표와 그래프로 나타내어 보세요.

민형이네 반 학생들이 조사할 동물별 학생 수

동물	두더지	거북	뱀	개구리	곰	합계
학생 수(명)						

민형이네 반 학생들이 조사할 동물별 학생 수

5					
4					
3					
2					
1					
학생 수(명) / 동물	두더지	거북	뱀	개구리	곰

2 조사한 자료, 표, 그래프 중에서 누가 어떤 동물을 조사하기로 하였는지 알 수 있는 것은 어느 것인가요?

( )

표와 그래프로 나타내기

이름	
날짜	월 일
시간	: ~ :

표와 그래프로 나타내기 ②

● 은진이네 반 학생들이 좋아하는 새를 조사하였습니다. 물음에 답하세요.

은진이네 반 학생들이 좋아하는 새

1 조사한 자료를 보고 표와 그래프로 나타내어 보세요.

은진이네 반 학생들이 좋아하는 새별 학생 수

새	펠리컨	부엉이	앵무새	펭귄	독수리	합계
학생 수(명)						

은진이네 반 학생들이 좋아하는 새별 학생 수

5					
4					
3					
2					
1					
학생 수(명) / 새	펠리컨	부엉이	앵무새	펭귄	독수리

2 조사한 자료, 표, 그래프 중에서 전체 학생 수를 쉽게 알 수 있는 것은 어느 것인가요?

( )

표와 그래프로 나타내기

이름	
날짜	월 일
시간	: ~ :

표와 그래프로 나타내기 ③

● 지경이네 반 학생들이 받고 싶은 선물을 조사하였습니다. 물음에 답하세요.

지경이네 반 학생들이 받고 싶은 선물

1 조사한 자료를 보고 표와 그래프로 나타내어 보세요.

지경이네 반 학생들이 받고 싶은 선물 종류별 학생 수

선물 종류	학용품	운동용품	책	장난감	합계
학생 수(명)					

지경이네 반 학생들이 받고 싶은 선물 종류별 학생 수

5				
4				
3				
2				
1				
학생 수(명) / 선물 종류	학용품	운동용품	책	장난감

2 조사한 자료, 표, 그래프 중 가장 많은 학생이 받고 싶은 선물의 종류가 무엇인지 한눈에 알 수 있는 것은 어느 것인가요?

( )

40a 표와 그래프로 나타내기

이름	
날짜	월 일
시간	: ~ :

표와 그래프로 나타내기 ④

● 보형이네 반 학생들이 방학 때 가고 싶은 곳을 조사하였습니다. 물음에 답하세요.

보형이네 반 학생들이 가고 싶은 곳

보형	동주	경민	하영
진혁	지수	태진	운형
주아	예찬	희민	민지
혁주	다혜	가민	민웅
형진	윤주	우태	현빈

1 조사한 자료를 보고 표와 그래프로 나타내세요.

보형이네 반 학생들이 가고 싶은 곳별 학생 수

장소	시골집	바다	해외여행	산/계곡	테마파크	합계
학생 수(명)						

학생 수(명)					

다음 학습 연관표

I 과정 분류하기/표와 그래프
- 2과정 표와 그림그래프/막대그래프
- 3과정 꺾은선그래프/그래프 종합
- 5과정 여러 가지 그래프

1과정 분류하기/표와 그래프

이 름	
실시 연월일	년 월 일
걸린 시간	분 초
오답 수	/ 10

1 분류 기준으로 알맞은 것에 ○표, 알맞지 않은 것에 ×표 하세요.

(1) 재미있는 것과 재미없는 것 (   )

(2) 바퀴가 2개인 것과 4개인 것 (   )

(3) 사람의 힘으로 가는 것과 엔진의 힘으로 가는 것 (   )

2 어떻게 분류한 것인지 분류 기준을 써 보세요.

〈분류 기준〉

3 정해진 기준에 따라 분류해 보세요.

분류 기준	모양

△ 모양	○ 모양

4 종류에 따라 분류하고 그 수를 세어 보세요.

축구공	농구공	야구공	럭비공	야구공
농구공	럭비공	축구공	야구공	농구공

공	축구공	농구공	야구공	럭비공
공 수(개)				

[5~7] 주사위 1개를 10번 굴려서 나온 눈을 조사하였습니다. 물음에 답하세요.

주사위 굴리기 결과

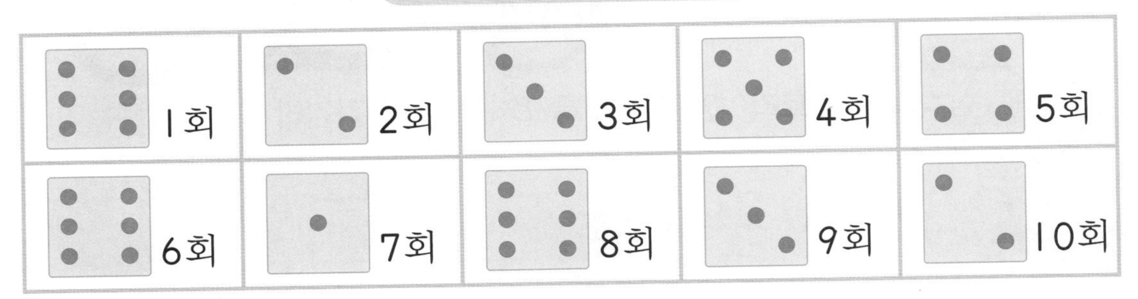

5 조사한 자료를 보고 나온 눈의 횟수를 표로 나타내어 보세요.

나온 눈의 횟수

눈							합계
횟수(번)							10

6 4회 째에 어떤 눈이 나왔는지 알 수 있는 것은 조사한 자료와 표 중 어느 것인가요?

( )

7 6의 눈은 모두 몇 번 나왔나요?

( )번

[8~10] 경아네 반 학생들이 가고 싶은 체험 학습 장소를 조사하여 표로 나타내었습니다. 물음에 답하세요.

경아네 반 학생들이 가고 싶은 체험 학습 장소별 학생 수

장소	과학관	박물관	미술관	수족관	동물원	합계
학생 수(명)	2	1	3	5	4	15

8 표를 보고 ○를 이용하여 그래프로 나타내어 보세요.

경아네 반 학생들이 가고 싶은 체험 학습 장소별 학생 수

학생 수(명) / 장소					

9 경아네 반 전체 학생 수는 모두 몇 명인가요?

( )명

10 가장 많은 학생이 가고 싶은 체험 학습 장소를 한눈에 알 수 있는 것은 표와 그래프 중 어느 것인가요?

( )

성취도 테스트 결과표

1과정 분류하기/표와 그래프

번호	평가 요소	평가 내용	결과(O, X)	관련 내용
1	분류는 어떻게?	주어진 기준이 누가 분류해도 결과가 같을 수 있는 분명한 기준인지 확인해 보는 문제입니다.		3a
2		분류한 결과를 보고 어떤 기준으로 분류한 것인지 추론해 보는 문제입니다.		4a
3	기준에 따라 분류하기	제시된 분류 기준에 따라 정확하게 분류할 수 있는지 확인해 보는 문제입니다.		5a
4	분류하여 세어 보기	종류별로 또는 주어진 기준에 따라 분류하고 세어 보는 문제입니다.		11a
5	자료를 보고 표로 나타내기	자료를 보고 분류하고 세어서 표로 나타내는 문제입니다.		21a
6	자료를 조사하여 표로 나타내기	조사한 자료와 표 중 조사한 자료의 좋은 점이 무엇인지 확인해 보는 문제입니다.		26a
7		조사한 자료와 표 중 표를 이용하여 3의 눈이 몇 번 나왔는지 알아보는 문제입니다.		27b
8	표와 그래프의 내용 알아보기	표를 보고 그래프로 나타내는 문제입니다.		36b
9		표와 그래프 중 표를 이용하여 전체 학생 수를 구할 수 있는지 확인해 보는 문제입니다.		35a
10		표와 그래프 중 그래프의 좋은 점이 무엇인지 확인해 보는 문제입니다.		35a

평가	□ A등급(매우 잘함)	□ B등급(잘함)	□ C등급(보통)	□ D등급(부족함)
오답 수	0~1	2	3	4~

- A, B등급 : 다음 교재를 시작하세요.
- C등급 : 틀린 부분을 다시 한번 더 공부한 후, 다음 교재를 시작하세요.
- D등급 : 본 교재를 다시 구입하여 복습한 후, 다음 교재를 시작하세요.

1과정 정답과 풀이

1ab

1 에 ○표　　2 에 ○표
3 에 ○표　　4 에 ×표
5 에 ×표　　6 에 ×표

2ab

1 에 ○표　　2 에 ○표
3 에 ○표　　4 에 ×표
5 에 ×표　　6  에 ×표

3ab

1 (　　)(○)　　2 (○)(　　)
3 ×　　4 ○　　5 ○　　6 ×

〈풀이〉

1~6 분류 기준은 어느 누가 분류해도 결과가 같을 수 있는 분명한 기준이어야 합니다.

4ab

1 색깔에 ○표
2 손잡이 모양에 ○표
3 예 사용하는 계절
4 예 모양

5ab

1 부엉이, 닭 / 곰, 강아지, 개구리
2 자전거, 오토바이 / 버스, 경찰차
3 지렁이, 달팽이, 뱀 / 잠자리, 쇠똥구리, 사마귀 / 오징어, 게

6ab

1 루빅스큐브, 전자레인지 / 선물 상자, 통조림, 탁상시계
2 감, 당근, 오렌지 / 수박, 피망, 오이
3 색연필, 스케치북, 편지지 / 트라이앵글, 교통표지판 / 훌라후프, 바퀴, 접시

7ab

1 역기, 배드민턴 채, 줄넘기 / 피아노, 클라리넷
2 침대, 책상 / 프라이팬, 국자, 냄비
3 버스, 자전거 / 비행기, 열기구, 헬리콥터 / 잠수함, 모터보트, 여객선

8ab

1 배추, 고추, 파 / 파인애플, 포도
2 거북, 닭, 펭귄 / 돌고래, 돼지
3 기타, 하프 / 단소, 오카리나, 트럼펫 / 작은북, 장구, 실로폰

9ab

1 ②, ③, ④, ⑤, ⑦, ⑨, ⑩ / ①, ⑥, ⑧, ⑪, ⑫
2 ①, ④, ⑦, ⑨, ⑫ / ②, ③, ⑥, ⑧, ⑩ / ⑤, ⑪
3 ①, ④, ⑧, ⑩ / ③, ⑨
②, ⑥, ⑦, ⑫ / ⑤, ⑪

〈풀이〉

1~3 주어진 자료를 '단춧구멍의 수'라는 하나의 기준으로 분류하는 것으로 끝내지 않고 '색깔'이나 '모양' 등의 다른 기준으로도 분류해 볼 수 있습니다.

10ab

1 타조, 앵무새, 벌, 나비, 개미, 나비고기, 달팽이, 갈매기 / 코뿔소, 기린, 다람쥐, 고래
2 코뿔소, 기린, 타조, 다람쥐, 개미, 달팽이 / 앵무새, 벌, 나비, 갈매기 / 고래, 나비고기
3 고래, 나비고기, 달팽이 / 타조, 앵무새, 갈매기 / 코뿔소, 기린, 다람쥐 / 벌, 나비, 개미

11ab

1  / 7, 2, 4, 3
2  / 3, 6, 2, 5

〈풀이〉
1~2 센 것과 세지 않은 것을 구분하기 위해 하나씩 셀 때마다 /로 표시합니다. 
‘////’ 대신 ‘正’을 사용하기도 합니다.

12ab

1 2, 3, 4, 1
2 4, 3, 1, 2
3 4, 3, 6, 3

13ab

1 (흰동가리, 뱀), (독수리, 오리, 펭귄), (말, 토끼, 사슴, 원숭이, 개구리), (반딧불이, 무당벌레) / 2, 3, 5, 2
2 (레몬, 바나나, 배, 파인애플, 망고), (토마토, 사과, 체리, 딸기), (포도), (수박, 멜론) / 5, 4, 1, 2

14ab

1 8, 8 2 7, 5, 4

〈풀이〉
2 두드려서 소리 내는 악기를 타악기, 줄을 켜거나 퉁겨서 소리 내는 악기를 현악기, 입으로 불어서 소리 내는 악기를 관악기라고 합니다.
이 외에도 피아노, 오르간, 아코디언 같이 건반을 눌러서 소리를 내는 건반악기가 있습니다.

15ab

1 (가지, 파프리카, 홍고추, 오이, 보라 양배추, 호박, 브로콜리, 콜라비), (키위, 사과, 레몬, 포도, 바나나, 체리, 배, 망고) / 8, 8
2 (가지, 포도, 보라 양배추, 콜라비), (키위, 오이, 호박, 브로콜리), (파프리카, 레몬, 바나나, 배, 망고), (사과, 홍고추, 체리) / 4, 4, 5, 3

16ab

1 (도로공사중, 천천히, 어린이보호, 미끄러운도로), (좌회전금지, 자동차전용도로, 자전거통행금지, 우회전, 통행금지, 주차금지), (주차장, 일방통행) / 4, 6, 2
2 (천천히, 자동차전용도로, 주차장, 일방통행, 통행금지, 주차금지), (도로공사중, 좌회전금지, 자전거통행금지, 우회전, 어린이보호, 미끄러운도로) / 6, 6
3 (좌회전금지, 자전거통행금지, 통행금지, 주차금지), (도로공사중, 천천히, 자동차전용도로, 우회전, 주차장, 어린이보호, 일방통행, 미끄러운도로) / 4, 8

〈풀이〉

3 '금지선이 있는 것과 없는 것'을 좀 더 자세한 기준인 '금지선이 없는 것, 1개인 것, 2개인 것'의 3가지로 분류할 수도 있습니다.

17ab

1 ////, ////, ////, ////, ////, //// / 3, 3, 4, 3, 2, 1
2 축구
3 태권도

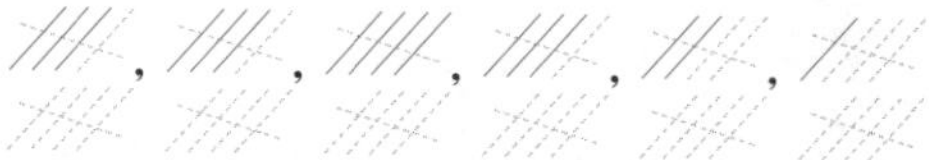

18ab

1 ////, ////, ////, //// / 2, 5, 3, 6
2 겨울
3 봄

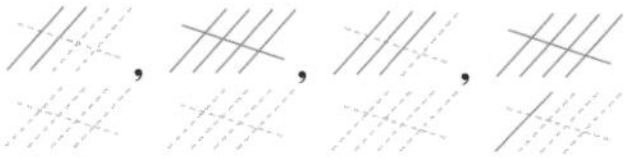

19ab

1 10, 6 / 9, 7
2 민트맛 3 알사탕

〈풀이〉

※ 1가지 기준으로 분류하기에서 더 나아가서 맛과 모양 2가지 기준을 동시에 적용하여 분류하면 다음과 같이 분류할 수 있습니다.

	민트 맛	체리 맛
알사탕	6	3
막대 사탕	4	3

20ab

1 6, 2, 1, 3 2 박물관
3 2, 3, 5, 2 4 토디

〈풀이〉

2, 4 가장 많은 학생이 원하는 것으로 결정하면 만족도가 높을 것입니다.

21ab

1 수현, 희주, 성진, 혜진 / 우빈, 찬희, 지훈, 은성 / 민형, 지태, 시은, 희성, 아민, 강훈 / 다현, 현수
2 4, 4, 6, 2, 16

22ab

1 수현, 민형, 혜진 / 우빈, 성진, 지훈, 시은, 은성 / 희주, 찬희, 희성, 아민, 현수 / 다현, 지태 / 강훈
2 3, 5, 5, 2, 1, 16
3 예 • 종목별 좋아하는 학생 수를 한눈에 알아보기 쉽습니다.
• 전체 학생 수를 쉽게 알 수 있습니다.

23ab

1 바나나
2 ////, ////, ////, ////, //// / 3, 6, 5, 1, 1, 16
3 16

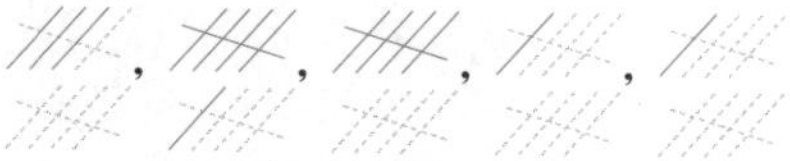

24ab

1 3, 3, 4, 2, 12 2 6, 2, 2, 8, 18

25ab

1 ////, ////, ////, //// / 4, 5, 4, 2, 15
2 경훈, 우재, 현진, 승우
3 15 4 ㉢, ㉡, ㉣, ㉠

〈풀이〉

4 〈자료를 조사하여 표로 나타내기〉
ⓒ 무엇을 조사할지 정합니다.
→ 우리 반 남학생들이 좋아하는 운동
ⓛ 어떤 방법으로 조사할지 정합니다.
→ 좋아하는 운동 종목에 각자 붙임딱지를 붙이거나 적어서 내게 하는 방법 등
ⓔ 정한 방법에 따라 조사합니다.
ⓙ 조사한 자료를 표로 나타냅니다.
→ 표의 첫째 줄에는 운동을, 둘째 줄에는 학생 수를 세어서 씁니다.
⇒ ⓒ, ⓛ, ⓔ, ⓙ의 순서로 표로 나타냅니다.

26ab

1 은진, 한주, 도균, 은송 / 예린, 강훈, 인혜 / 형주, 시윤, 영인, 하은 / 태민, 민준, 현승, 다혜, 수정
2 4, 3, 4, 5, 16
3 조사한 자료

〈풀이〉

3 누가 어떤 꽃을 좋아하는지 알 수 있는 것은 조사한 자료와 표 중 조사한 자료입니다.

27ab

1 3, 6, 2, 5, 16　　2 겨울
3 16　　4 표

〈풀이〉

2 은진이가 좋아하는 계절을 알 수 있는 것은 조사한 자료와 표 중 조사한 자료입니다.

3 전체 학생 수를 쉽게 알 수 있는 것은 조사한 자료와 표 중 표입니다.

4 겨울을 좋아하는 학생 수를 쉽게 알 수 있는 것은 조사한 자료와 표 중 표입니다.

28ab

1 6, 2　　2 15
3 알 수 없습니다.
4 ////, ////, ////, ////, ////, //// / 1, 2, 3, 1, 1, 2
5 표

〈풀이〉

3 누가 어떤 책을 읽고 싶은지 알려면 처음 조사한 자료를 보아야 합니다.

29ab

1 ① 학생 수 ② 4, 6 ④ 제목
2 민형이네 반 학생들이 좋아하는 간식별 학생 수

6			○	
5		○	○	
4		○	○	
3	○	○	○	
2	○	○	○	○
1	○	○	○	○
학생 수(명) / 간식	떡볶이	치킨	피자	만두

3 민형이네 반 학생들이 좋아하는 간식별 학생 수

만두	×	×				
피자	×	×	×	×	×	×
치킨	×	×	×	×	×	
떡볶이	×	×	×			
간식 / 학생 수(명)	1	2	3	4	5	6

30ab

1 ① 악기 ② 5, 5 ④ 제목
2 민형이네 반 학생들이 배우고 싶은 악기별 학생 수

5				○	
4				○	○
3	○			○	○
2	○	○	○	○	○
1	○	○	○	○	○
학생 수(명) / 악기	바이올린	플루트	드럼	피아노	오카리나

31ab

1

5	○				
4	○		○		
3	○		○		○
2	○	○	○	○	○
1	○	○	○	○	○
학생 수(명) / 곤충	사슴벌레	꿀벌	반딧불이	무당벌레	사마귀

2 사슴벌레 3 조사한 자료

〈풀이〉

3 은진이가 관찰해 보고 싶은 곤충이 무엇인지 알 수 있는 것은 조사한 자료와 그래프 중 조사한 자료입니다.

32ab

1

5				○	
4			○	○	
3		○	○	○	
2	○	○	○	○	○
1	○	○	○	○	○
학생 수(명) / 장소	시청	소방서	국립극장	미술관	도서관

2 미술관 3 그래프

〈풀이〉

3 가장 많은 학생이 가고 싶어 하는 견학 장소를 한눈에 알 수 있는 것은 조사한 자료와 그래프 중 그래프입니다.

33ab

1 피구 2 피구
3 같습니다. 4 피구

〈풀이〉

1~4 만약 민형이네 반 학생들과 승철이네 반 학생들이 가장 많이 하고 싶어 하는 운동이 같지 않을 때에는 각각의 반에서 가장 많은 학생이 하고 싶어 하는 운동 두 가지를 두고 다시 조사해서 더 많은 학생이 하고 싶은 운동으로 결정할 수 있습니다.

34ab

1 맑음 2 맑음, 흐림
3 알 수 없습니다.

35ab

1 표 2 그래프
3 표 4 그래프

〈풀이〉

1~4 〈표로 나타내면 좋은 점〉
- 조사한 자료의 전체 수를 알아보기 편리합니다.
- 조사한 자료별 수를 알기 쉽습니다.

〈그래프로 나타내면 좋은 점〉
- 조사하고자 하는 내용을 한눈에 알아보기 편리합니다.
- 가장 많은 것, 가장 적은 것을 한눈에 알아보기 편리합니다.

36ab

1 20 2 3 3 강아지

4

6	○				
5	○			○	
4	○		○	○	
3	○	○	○	○	
2	○	○	○	○	○
1	○	○	○	○	○
학생 수(명) / 반려동물	강아지	토끼	고양이	햄스터	고슴도치

5 강아지, 햄스터, 고양이, 토끼, 고슴도치
6 그래프

37ab

1 4, 3, 5, 3, 1, 16

학생 수(명) / 동물	두더지	거북	뱀	개구리	곰
5			○		
4	○		○		
3	○	○	○	○	
2	○	○	○	○	
1	○	○	○	○	○

2 조사한 자료

〈풀이〉

2 누가 어떤 동물을 조사하기로 했는지 알 수 있는 것은 조사한 자료입니다.

38ab

1 1, 3, 3, 5, 4, 16

학생 수(명) / 새	펠리컨	부엉이	앵무새	펭귄	독수리
5				○	
4				○	○
3		○	○	○	○
2		○	○	○	○
1	○	○	○	○	○

2 표

〈풀이〉

2 전체 학생 수를 쉽게 알 수 있는 것은 표입니다.

39ab

1 5, 4, 2, 5, 16

학생 수(명) / 선물 종류	학용품	운동용품	책	장난감
5	○			○
4	○	○		○
3	○	○		○
2	○	○	○	○
1	○	○	○	○

2 그래프

〈풀이〉

1 학용품: 연필깎이, 크레파스, 필통, 샤프, 색연필
운동용품: 축구공, 야구글러브, 탁구채, 농구공
책: 세종대왕, 백설공주
장난감: 물총, 전화기, 공룡인형, 비행기, 로봇

2 받고 싶은 학생이 가장 많고 적음을 한눈에 비교할 수 있는 것은 그래프입니다.

40ab

1 2, 6, 4, 5, 3, 20

보형이네 반 학생들이 가고 싶은 곳별 학생 수

학생 수(명) / 장소	시골집	바다	해외 여행	산/계곡	테마 파크
6		○			
5		○		○	
4		○	○	○	
3		○	○	○	○
2	○	○	○	○	○
1	○	○	○	○	○

성취도 테스트

1 (1) × (2) ○ (3) ○
2 예 위에 입는 옷과 아래에 입는 옷
3 삼각자, 트라이앵글, 삼각김밥 / 교통표지판, 바퀴
4 2, 3, 3, 2
5 1, 2, 2, 1, 1, 3
6 조사한 자료
7 3
8

학생 수(명) / 장소	과학관	박물관	미술관	수족관	동물원
5				○	
4				○	○
3			○	○	○
2	○		○	○	○
1	○	○	○	○	○

9 15
10 그래프